ISBN 978-0-484-98967-1
PIBN 10380770

Forgotten Books is a registered trademark of FB &c Ltd.
Copyright © 2018 FB &c Ltd.
FB &c Ltd, Dalton House, 60 Windsor Avenue, London, SW19 2RR.
Company number 08720141. Registered in England and Wales.

For support please visit www.forgottenbooks.com

1 MONTH OF
FREE
READING

at
www.ForgottenBooks.com

By purchasing this book you are eligible for one month membership to ForgottenBooks.com, giving you unlimited access to our entire collection of over 1,000,000 titles via our web site and mobile apps.

To claim your free month visit:
www.forgottenbooks.com/free380770

English
Français
Deutsche
Italiano
Español
Português

www.forgottenbooks.com

Mythology Photography **Fiction**
Fishing Christianity **Art** Cooking
Essays Buddhism Freemasonry
Medicine **Biology** Music **Ancient
Egypt** Evolution Carpentry Physics
Dance Geology **Mathematics** Fitness
Shakespeare **Folklore** Yoga Marketing
Confidence Immortality Biographies
Poetry **Psychology** Witchcraft
Electronics Chemistry History **Law**
Accounting **Philosophy** Anthropology
Alchemy Drama Quantum Mechanics
Atheism Sexual Health **Ancient History**
Entrepreneurship Languages Sport
Paleontology Needlework Islam
Metaphysics Investment Archaeology
Parenting Statistics Criminology
Motivational

LES

CRISTALLOÏDES COMPLEXES

A SOMMET ÉTOILÉ.

LES

CRISTALLOÏDES COMPLEXES

A SOMMET ÉTOILÉ,

PAR

Le Cᵀᴱ Léopold HUGO.

PARIS,

GAUTHIER–VILLARS, IMPRIMEUR-LIBRAIRE

DU BUREAU DES LONGITUDES, DE L'ÉCOLE POLYTECHNIQUE,

SUCCESSEUR DE MALLET-BACHELIER,

Quai des Augustins, n° 55.

—

1872.

AVERTISSEMENT.

Les solides polygonaux, pour lesquels (*) j'ai proposé le nom de *Cristalloïdes,* sont formés par l'assemblage d'onglets à surface extérieure cylindrique. Il en résulte des semi-polyèdres pluro-cylindriques, se plaçant rationnellement à la suite du prisme et de la pyramide d'Euclide et engendrant les solides de révolution d'Archimède.

D'autres volumes, résultant de la pénétration de plusieurs cylindres, peuvent être intéressants à étudier au point de vue de la stéréométrie : ce sont les Cristalloïdes complexes, dont je vais m'occuper, et qui résultent de l'assemblage d'onglets surchargés suivant un mode, indiqué par l'aspect des combles de certains clochers à pignons multiples.

Quant aux Cristalloïdes proprement dits, ils jouent un rôle considérable dans la grande architecture comme dans la petite.

(*) Dans deux Mémoires antérieurement publiés, intitulés : *Théorie des Cristalloïdes élémentaires* et *les Cristalloïdes à directrice circulaire.*

Voici quelques exemples de leurs applications diverses :

C. triangulaire. — Le dôme gothique de la chapelle Notre-Dame-des-Flammes, sur le chemin de fer de Versailles.

C. quadrangulaire. — Tous les dômes carrés, dont celui des Tuileries, aujourd'hui disparu, était un exemple bien connu.

C. pentagonal. — On a cité le comble d'un pavillon chinois.

C. hexagonal. — La toiture de tous les kiosques des boulevards de Paris.

C. heptagonal. — Le dôme d'un pavillon astrologique dédié aux planètes.

C. octogonal. — Une multitude de clochers et de coupoles, dont la plus célèbre est celle de Florence.

Les constructions à 9, 10, 11 et surtout 12 angles ont dû trouver aussi leur emploi ; et, pour placer certaines séries de statues, en tenant compte de l'emplacement des portes, des coupoles à 13, 14, 15 et 16 côtés pourraient être utilisées.

Un autre emploi de la forme primitive triangulaire se trouve dans plusieurs autels anciens, tel que le grand autel des dieux, du Louvre, de travail grec. En marbrerie, les solides de forme carrée, hexagonale et octogonale, avec profil courbe, pour les piédestaux, piédouches et balustres, sont presque aussi répandus que les solides de révolution.

Les vases chinois et japonais les plus élégants sont très-fréquemment carrés ou bien hexagonaux ; enfin la taille des cristaux de verrerie présente une multitude d'exemples d'angles plus nombreux encore, pour boules d'escalier, flacons et vases artistiques. Les produits moulés des verreries adoptent souvent la forme cristalloïdale ; c'est le cas pour une fiole judaïque trouvée en Palestine et conservée au Musée de Paris.

En somme, on ne saurait méconnaître que, puisque l'étude élémentaire du prisme et de la pyramide précède celle du cylindre et du cône, il est rationnel qu'à tous les degrés l'étude, ou du moins la mention des Cristalloïdes vienne précéder celle des solides de révolution.

Enfin, si d'un côté la théorie des Cristalloïdes touche aux solides réalisés tous les jours par l'industrie, et qui peuvent rompre la monotonie des formes circulaires, d'un autre côté elle nous conduit, ainsi qu'on le verra plus loin, jusqu'aux confins de la métaphysique, par la considération forcée de solides stéréométriquement imaginaires.

CRISTALLOÏDES COMPLEXES

A SOMMET ÉTOILÉ.

CHAPITRE PREMIER.

PYRAMIDES, PARADOMOÏDES, ELLIDOMOÏDES, ETC.

Les Cristalloïdes *complexes* sont formés par l'assemblage d'onglets *surchargés;* l'onglet cristalloïdal est une portion de cylindre comprise dans un angle dièdre α (*voir* la figure de construction), les génératrices du cylindre étant perpendiculaires au plan de la directrice DB. La surcharge est une autre portion de cylindre dont la directrice AE est de même nature que la précédente, les ordonnées seules étant modifiées dans le rapport $\frac{CD}{DE}$; le point A répondant au point B et le point E au point D.

1. Dans les pyramides complexes, les directrices sont rectilignes, et ici comme pour les cristalloïdes normaux la pyramide est intermédiaire entre les domoïdes et les trémoïdes, mais le degré minimum de sa directrice la fait passer avant ces derniers. Nous allons donc envisager l'onglet de la pyramide complexe, et dans la figure de construction (*Pl. I*), le lecteur voudra bien, pour ce cas particulier, considérer toutes les parties comme recti-

lignes. Les assemblages réguliers de tels onglets occupent le haut de la première planche, avec une échelle assez grande pour qu'on puisse comprendre le mode d'assemblage des doubles onglets.

Soit donc la pyramide BCDE inscrite dans le prisme AB...GH, dont elle est le demi-tiers; d'autre part, la surcharge est une pyramide ABDE, également inscrite, et qui a pour solidité la même mesure.

L'onglet surchargé est donc le tiers du prisme AB...GH; mais, comme la base CDE n'est que la moitié de CDEH, le volume de l'onglet égale sa base, multipliée par les $\frac{2}{3}$ de la hauteur.

Tel est donc le coefficient de toute la série figurée en tête de la planche, et qui, à la limite, pour un assemblage polygonal régulier d'un nombre infini de côtés et d'onglets, constitue une figure cylindrique ; celle-ci, en raison de sa solidité, qui n'est que les $\frac{2}{3}$ de celle qui conviendrait à son enveloppe extérieure, est, à nos yeux, un *cylindre imaginaire*. Nous retrouvons ce même solide imaginaire comme limite de toutes les séries régulières à directrice quelconque. On commencera, en raison de la simplicité des calculs, par les directrices paraboliques.

2. *Paradomoïdes.* — Soit BD une directrice parabolique ayant pour axe BC, avec le sommet en B. Le coefficient de l'onglet normal est $\frac{1}{2}$ (*), c'est-à-dire que l'onglet BCDE est la moitié du prisme correspondant AB...EF. De même l'onglet BCEH a pour mesure $\frac{1}{4}$ du prisme total AB...GH.

L'onglet surchargé ABDE est égal au volume cylindrique ABCDEH, diminué du volume précité.

(*) *Théorie des cristalloïdes élémentaires*; 1867.

L'aire de la parabole étant $\frac{2}{3}$, ledit volume cylindrique est égal aux $\frac{2}{3}$ du prisme AB...GH.

On a donc pour la solidité cherchée $\frac{2}{3} - \frac{1}{4} = \frac{5}{12}$ du prisme total; mais comme le prisme correspondant à la base CDE entrant dans les assemblages n'est que moitié, il faut doubler, et l'on obtient le coefficient général $\frac{5}{6}$.

3. *Paratrémoïdes.* — Nous examinerons d'abord le cas où le sommet demeure en B, l'axe de la directrice étant BA; la seconde directrice a son sommet en A avec AF pour axe. L'aire extérieure servant alors de base au cylindre, on a pour coefficient du volume cylindrique $\frac{1}{3}$.

Le coefficient de l'onglet paratrémoïdal dans ces conditions est $\frac{1}{5}$; il faut le réduire à la moitié, soit $\frac{1}{10}$.

La différence est $\frac{7}{30}$, mais comme il faut doubler pour se rapporter à la base CDE, on obtient le coefficient général $\frac{7}{15}$.

4. Soit maintenant le sommet de la parabole en D, avec axe DB, la seconde directrice ayant son sommet en B, avec axe EF, on a encore pour le coefficient du volume cylindrique $\frac{1}{3}$, mais le coefficient de l'onglet paratrémoïdal est maintenant $\frac{1}{6}$; il faut en prendre la moitié, soit $\frac{1}{12}$.

La différence est $\frac{1}{4}$ qu'il faut doubler, et l'on a le coefficient général $\frac{1}{2}$.

5. Revenons aux paradomoïdes, et plaçons la directrice avec sommet en D et axe DC; la seconde directrice avec sommet en E aura pour axe ED.

La figure d'assemblage résultante est un groupe d'ogives à tracé parabolique.

Le coefficient du volume cylindrique est de nouveau $\frac{2}{3}$, et le coefficient de l'onglet est ici $\frac{8}{15}$, dont la moitié est $\frac{8}{30}$.

La différence est $\frac{2}{6}$, et le coefficient général est $\frac{1}{6}$.

Tous ces coefficients de cristalloïdes complexes sont les *compléments* de certains coefficients cristalloïdaux de constructions normales; il faut en conclure que la construction à sommet étoilé est moins artificielle qu'elle ne paraît l'être, puisqu'elle se relie aux cristalloïdes simples, dont l'importance est réellement grande.

6. *Ellidomoïdes.* — Pour construire un cristalloïde complexe de la classe des ellidomoïdes étoilés, les directrices seront elliptiques; soit un quart d'ellipse pour le calcul.

L'aire, base du cylindre, a pour expression $\frac{\pi r}{4} \times \frac{a}{b}$, et le volume cylindrique a pour coefficient $\frac{\pi}{4}$. Le coefficient de l'onglet principal est $\frac{2}{3}$; il faut le réduire de moitié, $\frac{1}{3}$.

La différence est

$$\frac{\pi}{4} - \frac{1}{3} = \frac{3\pi - 4}{12};$$

en doublant, on a le coefficient général

$$\frac{3\pi - 4}{6}.$$

complément des ellitrémoïdes normaux.

7. *Ellitrémoïdes.* — Pour un ellitrémoïde complexe, la base du cylindre a pour aire $\left(r^2 - \frac{\pi r^2}{4}\right)\frac{a}{b}$, et pour le rectangle $r^2\frac{a}{b}$, le coefficient est $\frac{4-\pi}{4}$.

D'autre part, le coefficient cristalloïdal est $\frac{10 - 3\pi}{6}$ (*), qu'il faut réduire de moitié.

(*) *Les Cristalloïdes à directrice circulaire;* 1867.

La différence $\dfrac{4-\pi}{4} - \dfrac{10-3\pi}{12} = \dfrac{8}{48}$ ou $\dfrac{1}{6}$, π ayant disparu. En doublant, on arrive enfin au coefficient remarquable $\dfrac{1}{3}$, complément des ellidomoïdes normaux.

Ces divers coefficients reproduisent les principaux nombres proportionnels de la gamme musicale, et même la fraction $\dfrac{7}{15}$, correspondant à la sensible ou septième; la comparaison des poids des cristalloïdes rappellerait donc celle des marteaux de Pythagore.

CHAPITRE II.

CAS GÉNÉRAL.

———

L'onglet normal BCDE a pour coefficient

$$\frac{V}{V'} = \frac{\int x^2 \, dy}{x^2 y}.$$

L'aire ADE a pour coefficient, ainsi que le volume cylindrique ABCDEH, dont elle est la base,

$$\frac{S}{S'} = \frac{\int x \, dy}{x y}.$$

Le coefficient du volume de l'onglet surchargé est égal au coefficient de l'aire, moins la moitié du coefficient cristalloïdal (qui se rapporte au triangle de base et non plus au parallélogramme). Soit

$$\frac{\int x \, dy}{x y} - \frac{\int x^2 y}{2 x^2 y},$$

expression qu'il faut doubler pour se rattacher au triangle de base. On a donc en définitive

$$\frac{2 \int x \, dy}{x y} - \frac{\int x^2 \, dy}{x^2 y}.$$

Les familles plus intéressantes comme groupe, au point de vue des coefficients, seront fournies par les courbes paraboliques.

Quant à la surface courbe de l'onglet surchargé, on la trouverait aisément, en remarquant qu'elle est la différence entre la surface cylindrique correspondant à la longueur rectifiée de la directrice AE et la surface d'onglet BEH à directrice BH. (V. *Cristalloïdes élémentaires*, 1867, appendice.)

L'onglet surchargé ABCDE de la planche I est, en somme, la différence entre le prisme triangulaire ABCDEF et l'onglet normal renversé ABEF à base triangulaire ABF et à directrice AE, l'arête dièdre de l'onglet étant alors EF.

CHAPITRE III.

SOLIDES IMAGINAIRES.

Les Cristalloïdes complexes à sommet étoilé, étant formés sur une base polygonale régulière, conduisent, par la multiplication à l'infini des côtés, à des solides à base circulaire, à des cylindres que j'appellerai *imaginaires*, parce que, si leur base inférieure est réelle, leur base supérieure n'est qu'un ensemble d'apothèmes, et que, malgré l'aspect général cylindrique qu'ils présenteraient, leur solidité est incomplète et n'atteint pas la mesure du cylindre réel.

Les cylindres limites en question sont, comme cylindres, réels au plan inférieur, et leur solidité s'évanouit complétement au plan supérieur. En envisageant cette classe de solides imaginaires de coefficient $\frac{1}{n}$, on est même conduit à supposer des constructions donnant lieu à des cylindres, ou, si l'on veut, à des corps de révolution imaginaires, n'ayant qu'une solidité nulle $\frac{1}{n} = 0$.

Dans un Cristalloïde normal, construisons les plans par l'axe et par les apothèmes, et envisageons seulement les parties de ces plans renfermées dans le Cristalloïde. L'ensemble de ces plans, de ces sections axiales, pour un polygone d'un nombre infini de côtés, viendra constituer une figure ayant l'apparence d'un corps de révolution; mais sa solidité est absolument nulle, bien que tous les points en soient atteints par la construction (*). On aurait ainsi des cônes imaginaires, des équidomoïdes et des sphères imaginaires, etc. Les constructions de ces spectres géométriques peuvent d'ailleurs être variées de bien des manières : ainsi, un autre genre de sphère imaginaire serait obtenu en envisageant l'ensemble des apothèmes dirigés du centre vers tous les éléments superficiels, soit l'ensemble des rayons en nombre infini.

A côté des solides réels, il y a donc lieu de placer des solides imaginaires, en distinguant, si l'on veut, les corps semi-imaginaires à solidité plus ou moins incomplète, et les corps absolument imaginaires à solidité nulle.

Ainsi donc, les Cristalloïdes complexes réels, de coefficient $\frac{1}{n}$, nous ont conduit aux cas infinis, aux cylindres imaginaires de même coefficient. Ceux-ci, à leur tour, pour $\frac{1}{n} = o$, nous conduisent au cylindre à feuillets, et il devient impossible dès lors, la transition s'étant imposée d'elle-même, de refuser une existence géométrique aux Cristalloïdes absolument imaginaires, formés par l'assemblage d'un nombre infini de plans ou de feuillets sans épaisseur autour d'un axe, ou aux corps imaginaires formés par l'ensemble des rayons vecteurs dirigés d'un centre intérieur vers tous les éléments infiniment petits de la surface (structure veloutée).

———

Nous croyons, dans cette publication et dans les précédentes, avoir suffisamment montré que la théorie des

(*) Les feuillets d'un livre ouvert et placé verticalement donnent une idée de ce dont il s'agit.

Cristalloïdes vient rattacher la stéréométrie de l'ancienne école d'Alexandrie à celle de l'école de Syracuse; on peut même dire que les polyèdres naturels, objet de la cristallographie, se trouvent ainsi reliés par des chaînons continus à la figure de la Terre, au globe terrestre, lequel se trouve classé dans notre série discoïde, en raison de l'aplatissement polaire (*).

Quant aux formes polygonales en général, elles engendrent les formes courbes, à telles enseignes, qu'elles nous expliquent parfois très-clairement certaines propriétés en apparence mystérieuses des figures courbes. Telle est, pour le tore par exemple, la constance reconnue de la différence des surfaces intérieure et extérieure (et aussi des volumes d'une certaine manière). Il suffit, pour toucher du doigt la raison de cette propriété (je ne sais si la remarque a déjà été faite), de construire une couronne polygonale et de remarquer comment les tronçons cylindriques formant chaque côté se raccordent par des genoux coudés dont l'importance reste la même, quelle que soit l'amplitude du vide central. Aussi certaines propriétés, nulles dans les cylindres et effectives dans les tronçons coudés, se retrouveront constantes dans les couronnes de toute grandeur; et si les considérations sont indépendantes du nombre d'angles, elles deviennent applicables, à la limite, au tore circulaire.

La règle centrobarique de Guldin, pour trouver l'aire ou le volume d'un solide de révolution, n'est elle-même que le cas particulier de la double règle que je donne ici (**):

(*) Voir la planche I de la *Théorie des Cristalloïdes élémentaires*.

(**) J'ai lu la description de l'intégrateur de M. Marcel Duprez, et il me paraît certain que l'on pourrait construire un *stéréomètre*, instru-

*Dans un onglet cristalloïdal (non surchargé), la sur-
face extérieure est égale au produit de la longueur de l'arc
directeur par l'orthogonale correspondant au centre de
gravité.*

*Le volume est égal au produit de l'aire de la directrice
par l'orthogonale correspondant au centre de gravité de
l'aire.*

D'autre part, il est vrai de dire que les formes polygonales ne jouissent pas de toutes les belles propriétés
des corps ronds, de la propriété roulante, par exemple,
dont l'expression est devenue le nom propre de la sphère
même : le grec ΣΦΑΙ-ΡΑ n'est pour moi, en tenant compte
des vieilles racines indo-européennes, que la qualification
SWAY'-RA, signifiant naïvement : *qui par* SOI-ROU*le,
qui roule de soi-même,* LA ROULANTE par excellence (*).

---

ment qui, sur le tracé d'une courbe, donnerait le coefficient cristalloïdal $\frac{V}{V'} = \frac{\int x^2 dy}{x^2 y}$ par une simple lecture.

(*) En sanscrit : *sp'aras*, rotation ; *matram*, mesure; *cakras*,
cercle, etc.; *pulas-sadas* analogue à poly–èdre, *liç* à el-lipse, *parà-pail*
et *upari-pail* à para-bole et à hyper-bole. La plupart des expressions
géométriques de l'idiome grec se retrouvent, par analogie, dans la lan-
gue indienne : les mots cône, cylindre, prisme, s'expliqueraient d'une
manière assez plausible par les racines indo-européennes; il en est de
même des mots allemands *Kreis, Flaeche, Kegel, Kugel* (*ku-gola*, petite
boule), du mot *globe,* où l'on voit l'amas, l'agglutination; mais il paraît
certain que le nom de la pyramide est purement égyptien et se retrouve
dans la racine copte PIRAM..., signifiant butte, lieu élevé.

CHAPITRE IV.

LES PSEUDO-CRISTALLOÏDES A SOMMET CIRCULAIRE.

Il faut considérer aussi comme des solides géométriques des figures que j'appellerai *les pseudo-cristalloïdes à sommet circulaire*; mais ici le calcul de la solidité ne paraît pas offrir, comme ensemble, le même intérêt; car le coefficient varierait numériquement, dans une même série, d'une base polygonale à l'autre. Néanmoins, je crois devoir m'occuper encore de ces pseudo-cristalloïdes, parce qu'ils ont un rôle comme mode de raccordement, et surtout parce qu'ils se rattachent étroitement aux cristalloïdes normaux.

La courbe n'est plus ici une directrice de surfaces plurocylindriques, c'est une véritable génératrice ayant deux directrices, l'une dans le plan supérieur, l'autre dans le plan inférieur. Je me bornerai aux cas où la directrice supérieure est une circonférence, et où la directrice inférieure est un polygone régulier, l'axe général passant par les deux centres (*voir* les figures de la planche II).

La génération d'un pseudo-cristalloïde doit être comprise de la manière suivante : un plan passant par l'axe prend tous les azimuts. Dans chaque position, l'intersection des directrices détermine deux points que nous relions par une courbe quelconque donnée. Supposons que l'origine o soit sur la directrice supérieure, et que l'axe des x dans le plan reste parallèle à l'axe de la figure, nous ferons varier les ordonnées dans chaque azimut de façon que la courbe renfermera $y \pm b$, sans autre modification de l'équation, b étant choisi tel que ladite génératrice passe par le point d'intersection inférieur. On voit que le solide renfermera un noyau cylindrique, en raison des positions successives de ox, et que si ce noyau était nul, par suite de l'annulation du rayon du cercle formant plan-sommet, le solide deviendrait un cristalloïde ordinaire avec identité de coefficient pour le volume dans une même série.

Je n'en dirai pas davantage au sujet de la solidité de ces figures, l'importance de la question diminuant, selon moi, en théorie, à mesure que le calcul est plus laborieux. Pour moi, je me contente d'envisager les solides géométriques comme une collection de modèles ayant des propriétés dignes de remarque, et la simplicité du coefficient est la première de ces propriétés.

Dans les figures de la planche II (*), les minéralogistes reconnaîtront au rang des triangulaires la figure du creuset d'essai des laboratoires ; les architectes trouveront des voussures de raccordement et des massifs de chapiteaux. A la limite, pour des bases polygonales d'un nombre infini de côtés (car, systématiquement, je m'attache à placer toujours en vue la série régulière complète), on obtient, pour les pseudo-cristalloïdes, simplement des solides de révolution, et non plus, comme pour les cristalloïdes complexes à sommet étoilé, ces solides imaginaires à structure laminaire ou feuilletée qui s'imposent d'eux-mêmes à notre pensée.

(*) On trouvera dans la planche II trois exemples de conoïdes à base rhombique, lesquels se rattachent à d'autres exemples de conoïdes antérieurement publiés dans une planche de la *Théorie des cristalloïdes*; 1867.

La planche III présente des séries de pseudo-cristalloïdes engendrés suivant une autre méthode, et simplement
par des recoupements de cylindres. Les domoïdes et les
trémoïdes de deux familles différentes sont seuls repré-
sentés ; les pseudo-pyramides (directrices rectilignes) de
ces familles ont été laissées de côté, pour ne pas charger
la planche. Les pseudo-cristalloïdes figurés ainsi offrent,
soit un sommet polygonal d'un nombre de côtés double
de celui des côtés de la base, soit un sommet ayant un
nombre de côtés seulement moitié de celui de la base ; un
recoupement répond, dans chaque cas, tantôt à chacun
des angles surnuméraires de la base, tantôt à chacun des
angles surnuméraires du sommet. La construction s'ex-
plique d'elle-même, et, à la limite, on retrouve des
solides de révolution.

On a complété la planche III et dernière par des exemples de conoïdes paraboliques en macle cruciforme qui
se rattachent, d'ailleurs, par certaines analogies, aux
cristalloïdes à sommet étoilé ; on y a figuré deux tétraè-
dres à faces courbes déduits des cristalloïdes normaux
quadrangulaires (qui, par deux et placés base à base,
donnent des domoïdes ou des trémoïdes octaédriques) et
obtenus au moyen du principe de l'hémiédrie cristallo-
graphique.

Enfin, on a dessiné une figure cuboïde à faces courbes
en double hache au nombre de six, et présentant huit
pointements trigonaux comme sur le cube.

Cette figure, essentiellement transformiste, est intermédiaire entre le dodécaèdre pentagonal et le dodécaèdre
rhomboïdal : elle devient le rhomboïdal quand les lignes
ponctuées se réduisent à une longueur nulle, et le pentagonal quand elles s'accentuent en arêtes. La figure devient
un cube quand les pointements se redressent et, au con-

traire, une sphère quand ils s'affaissent et que la courbure générale s'égalise.

L'étude des Cristalloïdes que j'ai présentée en diverses publications me parait devoir être considérée par les minéralogistes comme une introduction géométrique rationnelle à la Cristallographie générale. Avec leurs prismes diversement courbes et diversement anguleux, avec leurs courbes ou fuseaux polygonaux, leurs troncatures et leurs macles régulières, les figures cristalloïdales constituent un système général dont les formes cristallines des six groupes naturels ne sont que des éléments subordonnés; mais, d'un côté, domine le point de vue stéréométrique, l'angle des faces étant variable d'un point à un autre de l'arète courbe, et, de l'autre, le point de vue goniométrique l'emporte à son tour.

TABLE DES MATIÈRES.

PARIS. — IMPRIMERIE DE GAUTHIER-VILLARS,
Quai des Augustins, 55.

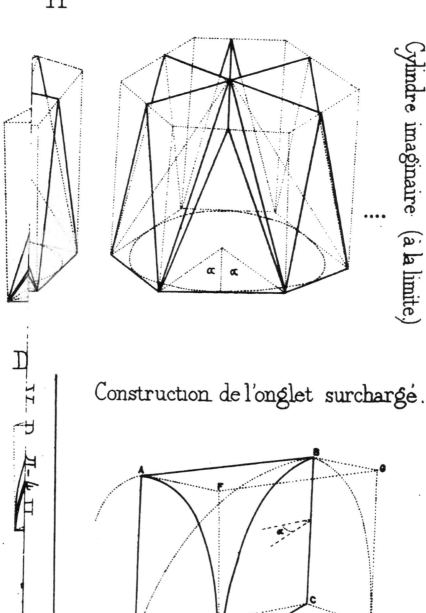

Cylindre imaginaire (à la limite.)

Construction de l'onglet surchargé.

(Onglet normal : BCDE
à directrice BD ; avec surcharge : ABDE)

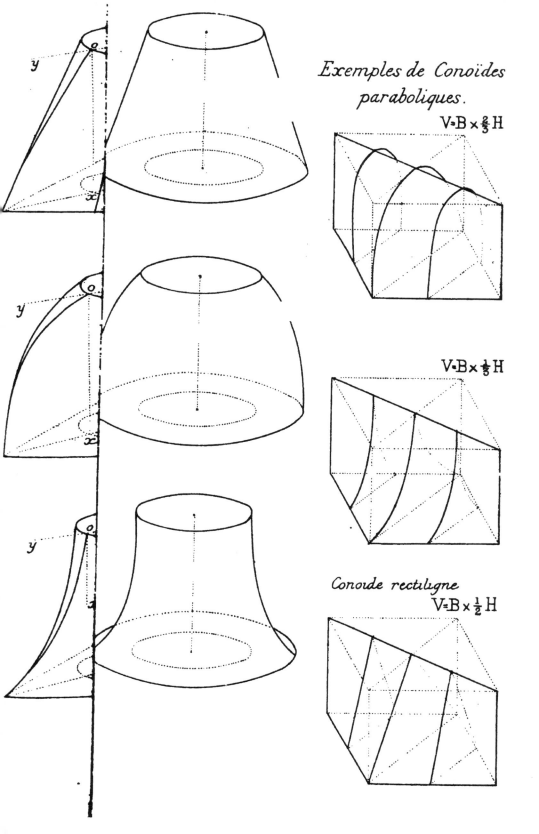

Exemples de Conoïdes paraboliques.

$V = B \times \frac{2}{3} H$

$V = B \times \frac{1}{3} H$

Conoïde rectiligne
$V = B \times \frac{1}{2} H$

y

x

o

y

x

o

y

o

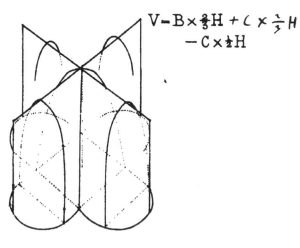

$$V - B \times \tfrac{2}{3}H + C \times \tfrac{1}{3}H$$
$$- C \times \tfrac{1}{2}H$$

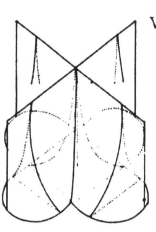

$$V - B \times \tfrac{1}{3}H + C \times \tfrac{1}{3}H$$
$$- C \times \tfrac{1}{6}H$$

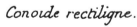

Conoïde rectiligne.

$$V - B \times \tfrac{1}{2}H + C \times \tfrac{1}{4}H$$
$$- C \times \tfrac{1}{3}H$$

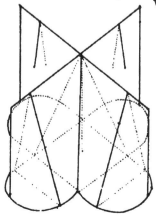

Cuboïde

PARIS. — IMPRIMERIE DE GAUTHIER-VILLARS,

Quai des Augustins, 55.

ESSAI

SUR LA GÉOMÉTRIE

DES CRISTALLOÏDES,

PAR

LE C^{TE} LÉOPOLD HUGO.

« La Sphère est un Équidomoïde. »

PARIS,

GAUTHIER-VILLARS, IMPRIMEUR-LIBRAIRE

DU BUREAU DES LONGITUDES, DE L'ÉCOLE POLYTECHNIQUE,

SUCCESSEUR DE MALLET-BACHELIER,

Quai des Augustins, 55.

—

1873

ESSAI

SUR LA GÉOMÉTRIE

DES CRISTALLOÏDES.

Du même Auteur,

EN VENTE CHEZ GAUTHIER-VILLARS.

QUAI DES AUGUSTINS, 55.

MORPHOLOGIE THÉORIQUE ET ARCHITECTONIQUE.

ou Polygonie cristalloïdale :

LES CRISTALLOÏDES GÉOMÉTRIQUES.

Théorie des Cristalloïdes élémentaires. Grand in-8, avec 4 planches ; 1867 .... 3 fr.

Les Cristalloïdes à directrice circulaire. Grand in-8, avec 1 planche ; 1867 .... 1 fr. 50 c.

Les Cristalloïdes complexes à sommet étoilé. Grand in-8, avec 3 planches ; 1872 .... 2 fr.

Essai sur la Géométrie des Cristalloïdes. Grand in-8, avec 1 planche ; 1873 .... 1 fr. 50 c.

SOUS PRESSE :

Géométrie descriptive des Cristalloïdes.

Théorèmes de Géométrie cristalloïdale.

EN PRÉPARATION :

Histoire des Formes géométriques et architecturales.

L'Adpulsion moléculaire et universelle. Statistique physico-moléculaire.

Paris — Imprimerie de GAUTHIER-VILLARS, quai des Augustins, 55.

ESSAI

SUR LA GÉOMÉTRIE

DES CRISTALLOÏDES,

PAR

Le Cᵗᵉ Léopold HUGO.

« La Sphère est un Équidomoïde. »

PARIS,

GAUTHIER-VILLARS, IMPRIMEUR-LIBRAIRE

DU BUREAU DES LONGITUDES, DE L'ÉCOLE POLYTECHNIQUE,

SUCCESSEUR DE MALLET-BACHELIER,

55, Quai des Augustins, 55.

1873

1874, June 22.
Gift of
Cte. Léopold Hugo,
of Paris.

A LA MÉMOIRE VÉNÉRÉE

DE MON ONCLE

LE DOCTEUR **LOUIS** (P. CH. AL.)

EN SON VIVANT

MEMBRE DE L'ACADÉMIE DE MÉDECINE DE PARIS.

———

IL FUT

LE PROMOTEUR

DE LA PHILOSOPHIE NUMÉRIQUE

DANS L'ART MÉDICAL.

AVERTISSEMENT.

———

Durant nos longues nuits du siége de Paris, et pendant les huit mois de canonnade que nous avons traversés, j'ai réfléchi parfois à la suite à donner à ma Théorie des Cristalloïdes géométriques. Un cahier, déjà paru, de Cristalloïdes complexes à sommet étoilé dégénérant en solides imaginaires, et le présent Essai de Géométrie supérieure sont les résultats de mes réflexions souvent entravées par tant d'angoisses. Le champ qui s'ouvre à mes recherches est sans limites, puisque tout théorème plan se reflète dans l'onglet et se retrouve dans les assemblages en l'espace, qui constituent ce que j'ai appelé le *Système cristalloïdal*. Les solides de révolution sont un cas particulier du système cristalloïdal, et les énoncés cristalloïdaux les comprennent, si l'on convient que polygone comprend le cercle, et pyramide le cône.

Le présent Essai n'est qu'un premier Chapitre; d'autres chapitres pourront suivre celui-ci, et ces divers chapitres ne constitueront encore, à vrai dire, qu'une Introduction à la Géométrie supérieure des Cristalloïdes. Je ne présente, d'ailleurs, que des énoncés, puisque la démonstration primitive est affaire de Géométrie plane. Les savants professeurs et les amateurs versés dans la Géométrie trouveront beaucoup à reprendre dans ma rédaction; en effet, par suite de diverses circonstances, je n'ai pas pu m'arrêter aux détails autant que je l'aurais voulu. Néanmoins c'est avec un véritable intérêt que je vois mentalement s'élever dans l'espace les figures répondant à mes théorèmes, et l'élégance de ces visions géométriques donne aux constructions cristalloïdales que l'on obtient en faisant polygoner, si l'on me passe cette expression, les figures planes autour d'un axe vertical, un attrait que n'a pas la sécheresse des figures planes, et n'a même pas la figure de révolution. J'ai la confiance que les lecteurs qui auront pris la peine d'étudier l'ensemble de mes publications jugeront que les cristalloïdes et leurs propriétés, variées à l'infini, méritent de prendre place dans la Science à titre de transformation spéciale, de polygonisation, on pourrait dire de cristallisation des théorèmes plans.

Comme explication générale de la grande

planche jointe à la présente brochure, on ne saurait mieux faire que de reproduire ici un article de M. Housel, article qui a été inséré dans les *Nouvelles Annales* de MM. Gerono et Brisse. Je demande à ces trois savants géomètres la permission de leur exprimer ici tous mes remercîments.

EXTRAIT DU VOLUME DE 1873, PAGE 135.

L'auteur (M. Hugo) a publié sur cette théorie (les cristalloïdes géométriques) trois brochures dont la dernière date de 1872. Il y a été conduit, comme le nom l'indique, par les considérations de la minéralogie; aussi, malgré ce qu'elles ont d'essentiellement théorique, il ne faut pas les regarder comme des abstractions ne pouvant fournir d'applications pratiques. M. L. Hugo fait observer qu'une foule de monuments publics, d'œuvres d'art de toute espèce, sont construits d'après les règles qu'il donne, et que l'instinct artistique avait devinées; la théorie pourra, sans doute, développer la pratique.

Un cristalloïde est formé par l'assemblage de plusieurs *onglets* de même formule : aussi l'auteur commence-t-il par définir l'onglet, dont on peut se faire une idée par le solide qui porte ce nom à propos de la sphère. On y considère un axe analogue au diamètre de la sphère et une courbe appelée *directrice* comme dans tout le mouvement.

Les volumes des onglets se mesurent au moyen d'un nombre appelé *coefficient,* qui multiplie le produit de la hauteur prise sur l'axe, par la base de l'onglet, pour obtenir ce volume. Comme exemples de coefficients connus, nous citerons $\frac{1}{3}$ pour la pyramide et $\frac{2}{3}$ pour le problème d'Archimède.

Ce qui précède s'étend aux cristalloïdes, puisqu'un cristalloïde se compose d'onglets de même nature.

L'auteur donne aux cristalloïdes dont les onglets sont concaves vers l'axe le nom de *domoïdes,* et à ceux dont les onglets

— **10** —

sont convexes le nom de *trémoïdes;* par conséquent les trois courbes du second degré, prises comme directrices, donneront des *ellidomoïdes,* des *hyperdomoïdes* et des *paradomoïdes,* etc. Dans le cas particulier d'une ellipse à axes égaux, c'est-à-dire d'un cercle, on emploie les mots d'*équidomoïdes* et d'*équitrémoïdes.*

Les cristalloïdes complexes à sommet étoilé, dont l'auteur s'occupe dans sa dernière brochure, le conduisent à ce qu'il appelle les *solides imaginaires,* dont il nous reste à parler; du reste on peut en donner l'idée d'une manière directe.

Concevons, par exemple, un rectangle tournant autour de l'un de ses côtés, et l'extrémité de l'autre décrivant une circonférence divisée en six parties égales; il est clair que le solide décrit sera un cylindre; mais si, à la fin de chaque division, on imagine le rectangle générateur anéanti, pour ne reparaître qu'au commencement de la suivante, on aura ainsi, au lieu d'un cylindre complet, un solide composé de trois parties pleines et de trois parties vides. Au lieu de cela, si l'on considère le rectangle générateur comme n'existant qu'aux six divisions, on aura un solide complétement *imaginaire,* c'est-à-dire ne se composant que de ces divisions rectangulaires dans le cylindre : aussi l'auteur dit-il que les feuillets d'un livre ouvert et placé verticalement donnent une idée de ce dont il s'agit.

Enfin, au lieu de faire disparaître et reparaître périodiquement la surface génératrice, nous pouvons la supposer modifiée suivant certaines lois.

En résumé, nous voyons que ces travaux présentent beaucoup d'originalité en théorie; de plus, la théorie des cristalloïdes a offert déjà et offrira encore une foule d'applications pratiques à propos des formes employées dans les arts et dans la construction des édifices publics, dont plusieurs sont bien connus.

ESSAI

SUR LA GÉOMÉTRIE

DES CRISTALLOÏDES.

CHAPITRE PREMIER.

EXPÉRIENCE DE LA SEGMENTATION DU PRISME TRIANGULAIRE.

On suppose que le lecteur a pris connaissance de mes publications antérieures ; dans le cas contraire, en jetant les yeux sur la planche qui termine le présent opuscule, il prendra une idée générale de la nature des figures polygonales que j'ai étudiées, comme engendrant les solides de révolution.

Si j'ai pris aujourd'hui pour épigraphe cette phrase : *La Sphère est un Équidomoïde,* empruntée à une des affiches imprimées pour moi, c'est pour signaler l'importance de la nouvelle figure que j'ai individualisée ; car, selon moi, l'équidomoïde est primordial et précède la sphère comme le prisme précède le cylindre ; et tout au moins la mention de l'équidomoïde à côté de la sphère est-elle nécessaire, pour qu'à mes yeux un Traité de

Géométrie élémentaire puisse passer désormais pour complet.

Soit, maintenant, un prisme triangulaire droit ayant pour section un triangle rectangle, et plaçons cette figure de telle sorte que les trois arêtes parallèles soient horizontales.

En partant d'une extrémité d'une des deux arêtes formant hypoténuse, nous traçons une directrice aboutissant à l'autre extrémité du prisme, et sur cette ligne, par le mouvement d'une orthogonale, nous engendrons une surface cylindrique, laquelle partage le prisme considéré en deux segments (1).

On voit aisément qu'avec l'onglet que constitue un des segments, celui de gauche par exemple, et avec des onglets pareils, on forme, *par assemblage*, une figure polygonale, un cristalloïde normal; avec le second segment, celui de droite (que j'ai appelé *onglet surchargé*) et avec des onglets pareils, on ferme une figure polygonale étoilée dite *cristalloïde complexe*.

En considérant le nombre des onglets composants comme croissant dans les deux cas jusqu'à ∞, on obtient d'une part les solides de révolution, et d'autre part les solides imaginaires (à structure feuilletée à l'infini). Il est très-remarquable, à mon sens, qu'une même marche, dans une même opération, fournisse des résultats si différents et conduise à une véritable antithèse géométrique (les *stéréo-imaginaires*).

Observons, en finissant, que si l'un des segments fournit un domoïde (en raison de la convexité), l'autre donnera un trémoïde et inversement. Les chiffres caractéristiques, les deux coefficients de solidité sont nécessairement complémentaires. Au reste nos figures cristalloïdales, aussi bien les normales que les complexes, sont

---

(1) *Voir* la *Pl. I* des *Cristalloïdes complexes;* le prisme est vertical dans la figure de construction.

très-généralement employées dans l'Architecture et dans l'Industrie, et il est surprenant que la Science les ait négligées jusqu'à présent. J'ai trouvé, d'ailleurs, que les cristalloïdes offraient assez d'intérêt pour appeler une nomenclature, et je ne renonce pas à celle que, non sans hésitation, j'avais d'abord proposée. Il est rationnel que l'on ait en présence :

D'une part,	D'autre part,
LES POLYÈDRES.	**LES CRISTALLOÏDES.**
Savoir :	Savoir :
les tétraèdres,	les domoïdes, ⎫
les hexaèdres,	les trémoïdes, ⎬ ou
les octaèdres,	les équidomoïdes,
les dodécaèdres,	les équitrémoïdes,
les icosaèdres,	les elli- ⎧ domoïdes,
les rhomboèdres,	⎩ trémoïdes,
les dodécaèdres rhomboïdaux,	les hyper- ⎧ domoïdes,
les dodécaèdres triangulaires,	⎩ trémoïdes,
les icositétraèdres,	les para- ⎧ domoïdes,
les polyèdres réguliers,	⎩ trémoïdes ;
les quatre polyèdres étoilés,	et encore :
les figures hémièdres,	les coni-cristalloïdes,
les faces plagièdres, etc.	les cubi-cristalloïdes,
les polyèdres semi-réguliers, etc.	les quarti-cristalloïdes, etc.

c'est-à-dire les cristalloïdes ayant pour directrices des coniques, des cubiques ou des quartiques; enfin les domoïdes complexes et les trémoïdes complexes, c'est-à-dire les cristalloïdes étoilés.

L'étude des cristalloïdes, envisagés comme figures solides, constitue, telle que je l'ai établie (1), une petite science, pour ainsi dire, intermédiaire entre la Géométrie ordinaire et la Cristallographie naturelle; mais, de plus, la théorie générale des transformations cristalloïdales, dont je vais m'occuper ci après, forme, en quelque sorte, le Livre premier de la Géométrie à trois dimensions.

(1) Mes précédentes publications comprennent déjà plus de 120 figures.

CHAPITRE II.

POLYGONISATION DES THÉORÈMES DANS L'ESPACE.

Que l'on examine les luminaires à trois, quatre ou cinq branches en forme de rinceaux (d'ailleurs planes), suspendus dans les salles publiques, et l'on comprendra immédiatement ce que j'entends par faire polygoner une figure plane dans l'espace.

On obtient ainsi, en considérant tous les points homologues comme reliés par des droites horizontales, une figure d'assemblage dans laquelle toutes les lignes droites de la figure donnée deviennent des pyramides (généralement à deux nappes), ayant leur sommet sur l'axe commun vertical ; les courbes données deviennent des surfaces cristalloïdales et les points de la figure plane deviennent des polygones, dont le plan est évidemment perpendiculaire à l'axe commun précité, autour duquel, en volume, tous les onglets sont assemblés.

Cela revient à considérer l'ensemble linéaire donné, la figure du théorème plan, comme servant de directrice au mouvement d'une orthogonale décrivant un cylindre multiple, et à détacher sur ce cylindre un onglet. L'assemblage d'onglets de cette nature (et de ceux que l'on obtiendrait sur l'ensemble primitif comme base, en y faisant varier, dans une même proportion, toutes les ordonnées perpendiculaires à la ligne future d'assemblage) donne dans l'espace une figure reproduisant dans divers azimuts le dessin primitif.

On voit que, dans tout ce qui va suivre, les sections droites, par rapport à l'axe principal, sont des polygones semblables et semblablement placés.

Des rapports de position existant dans la figure ou le théorème plan, on déduira des rapports analogues entre les parties, énoncées plus haut, dans l'espace. Les tangentes aux courbes donneront des pyramides tangentes aux cristalloïdes. Les points singuliers deviendront des polygones singuliers, etc.; et sous la réserve établie dans l'alinéa précédent, on pourra rédiger les théorèmes de transformation cristalloïdale, dont le champ est d'ailleurs illimité.

Je me bornerai à inscrire, comme exemples, trois énoncés se rattachant, les deux premiers au théorème de Newton, le troisième à celui de Gergonne :

« Dans un ensemble de quatre pyramides (coaxiales, etc.), circonscrit à un coni-cristalloïde, la pyramide passant par les polygones milieux des plans diagonaux intérieurs passe aussi par le polygone centrique du cristalloïde (le polygone répondant aux centres des coniques directrices). »

« Tous les coni-cristalloïdes inscrits dans un ensemble de quatre pyramides ont leurs polygones centriques sur une même pyramide. »

« Dans un ensemble tripyramidal A, B, C, circonscrit à un coni-cristalloïde, la pyramide passant par le polygone milieu de la pyramide A et par le polygone milieu de la nouvelle pyramide joignant le polygone de contact de A au polygone de croisement de B et de C passe aussi par le polygone centrique du cristalloïde. »

J'ai envisagé dans ce court Chapitre des figures directrices quelconques et supposées compliquées; mais, en simplifiant et en se donnant seulement pour directrices d'onglet des branches simples de courbe, on revient aux figures plus élémentaires et en particulier à la famille des sphéroïdes, que, dans le système cristalloïdal, on doit considérer toujours comme polygonaux en section normale (à l'axe). Voilà ce que j'appelle *Polygonisme infini*.

Le polygonisme fini et tendant à l'accroissement étant la phase primordiale (1), selon moi, de toute Géométrie, il est essentiel de ne pas négliger les cas rares où , comme dans la polygonie cristalloïdale, il devient possible de saisir simultanément (par l'élément intégrant qui est l'onglet) l'ensemble fini et infini, la figure polygonale et la figure courbe.

En résumé, la figure cristalloïdale *dégénère* en figure rotatoire : tout corps rotatoire est un cristalloïde limite. Cette doctrine, d'ailleurs, serait essentielle pour les études architectoniques; telle est effectivement la morphologie vraie de la construction monumentale.

C'est dans cette voie que je pense arriver, avec le temps, à renouveler philosophiquement (et pratiquement) la Géométrie traditionnelle, en ce qui touche la sphère et les solides de révolution.

Pour moi, faire polygoner a pour limite faire tourner, et polygonisation a pour limite révolution ou rotation.

---

(1) *Voir* mes brochures I et III, constituant une *statistique* des solides géométriques. Déjà, comme simple amateur de curiosités mathématiques, auteur de quelques Mémoires originaux (et très-originaux), j'ai fait parvenir la planche noire qui clôt le présent travail à l'Académie des Sciences (voir *Comptes rendus*, 1872), avec cette suscription : *La Sphère est un Équidomoïde, ou démonstration de la prééminence des figures polygonales.*

CHAPITRE III.

CRISTALLISATION DES THÉORÈMES DANS L'ESPACE.

Une autre transformation des figures, laquelle comprend les constructions prismato-cylindrique et pyramido-conique (directrices rectilignes), est celle qui prend pour axe cristalloïdal une droite quelconque perpendiculaire au plan de la figure donnée, et dont le pied pourra être intérieur ou extérieur à cette figure; si l'on construit alors un ensemble cristalloïdal à directrices quelconques, mais toujours isonòmes, ayant les diverses parties de la figure pour bases, il existera entre les diverses parties du cristalloïde, ou entre les cristalloïdes partiels, les mêmes relations qu'entre les bases; relations soit de position (tangentes, osculatrices, etc.), soit numériques d'aire à volume, en raison de l'identité fondamentale du coefficient dans toutes les parties.

On pourra donc dire, pour commencer par le triangle de Pythagore (à tout seigneur tout honneur), que :

« Dans une figure cristalloïdale, construite sur un triangle rectangle et sur les carrés adjacents comme base, la solidité du cristalloïde ayant le carré de l'hypoténuse pour base est équivalente à la somme des cristalloïdes construits sur les carrés des deux autres côtés. »

La Géométrie tout entière peut être ainsi passée en revue.

« Disons aussi (en souvenir d'Archimède) que : « Si $\frac{\mathrm{I}}{n}$

est le rapport de l'aire d'une courbe parabolique au rectangle des coordonnées, la solidité du cristalloïde construit sur l'aire parabolique sera $\frac{1}{n}$ de celle du cristalloïde construit sur le rectangle ».

« Si $\frac{1}{n}$ est le rapport de l'aire d'une spirale à l'aire du cercle concentrique, la solidité du cristalloïde, construit sur le secteur spiral comme base, sera à celle du cristalloïde ayant le cercle pour base dans le rapport $\frac{1}{n}$, etc. »

----

*« L'Équidomoïde est comme le Soleil;
aveugle qui ne le voit pas ! »*

La Polygonie cristalloïdale vient refondre et renouveler, en la complétant, la Géométrie des anciens, au point de vue des solides; c'est une extension d'Archimède et d'Eudoxe, comme les Traités modernes de Géométrie supérieure sont une extension d'Apollonius et de Pappus. Basée sur le polygonisme oriental, cette théorie mériterait, plus que toute autre, la qualification de *Géométrie primordiale et internationale* (1), en employant certaines expressions à la mode; et je soutiens ici que la distinction entre le cristalloïde et la pyramide est aussi fondamentale que la distinction entre la courbe d'une part et la ligne droite de l'autre.

Revenons à l'équidomoïde, que je tiens à signaler spécialement dans la grande planche noire insérée ci-après.

L'équidomoïde y occupe la quatrième ligne : c'est une figure circonscriptible, mais non inscriptible à la sphère; car ses arêtes courbes sont des ellipses; néanmoins la loi de courbure des faces est circulaire, la directrice étant un demi-cercle. Une figure inscriptible très-employée a pour arêtes des

----

(1) Des exemplaires de ma *Morphologie géométrique* ont été remis à tous les Membres de la Commission internationale du mètre de 1872, et ont été adressés aux diverses Académies, Sociétés d'Architecture et Universités de Pétersbourg, de Londres, etc., etc.

demi-cercles (c'est une sphère simplement polygonisée et alégie). Dans ce cas, les directrices médianes sont des ellipses ayant vu raccourcir leur axe horizontal. Cette figure est donc, bien que peu accusée, un ellidomoïde ovoïdal.

L'onglet composant de l'équidomoïde est un segment de cylindre. Cet onglet, et par suite la figure entière, possède *élémentairement* (1) les mêmes propriétés de volume et de surface que la sphère.

Comme polygonale, la figure que j'ai ainsi individualisée est réclamée par tout l'enseignement professionnel et industriel ; elle est destinée à supplanter la sphère !

En regard de l'école d'Archimède, régnante depuis deux mille ans, je place aujourd'hui une autre école, d'origine modeste sans doute, mais aussi philosophique que pratique, laquelle se trouve conduite dans le domaine de la théorie géométrique à cette conclusion forcée, la suppression de la sphère ; celle-ci n'est plus dans ma doctrine préarchimédienne qu'un équidomoïde limite !

———

Par l'étude de mes figures co-axiales à onglets azimutaux, j'ai été amené à remarquer que l'on pourrait établir des *coordonnées azimutales* $f(\omega, \gamma) = 0$, en prenant respectivement pour abscisses et pour ordonnées dans un plan tournant, à position angulaire ω, les valeurs p et q de $\gamma = p + q\sqrt{-1}$: ceci, de même que le $x + y\sqrt{-1}$ d'un excellent géomètre (M. Félix Lucas) ramène tout le plan sur une simple ligne, viendrait ramener tout l'espace sur un plan, le plan des abscisses vectrices p, auquel l'axe est perpendiculaire en l'origine. Il y aurait quelque profit à tirer de ces *coordonnées azimutales*, dans lesquelles les valeurs imaginaires de ω restent seules sans interprétation.

———

(1) *Voir* les *Cristalloïdes à directrice circulaire*. Gauthier-Villars ; 1867.

FIN.

TABLE DES MATIÈRES.

PARIS. — IMPRIMERIE DE GAUTHIER-VILLARS,
RS-435   Quai des Augustins, 55

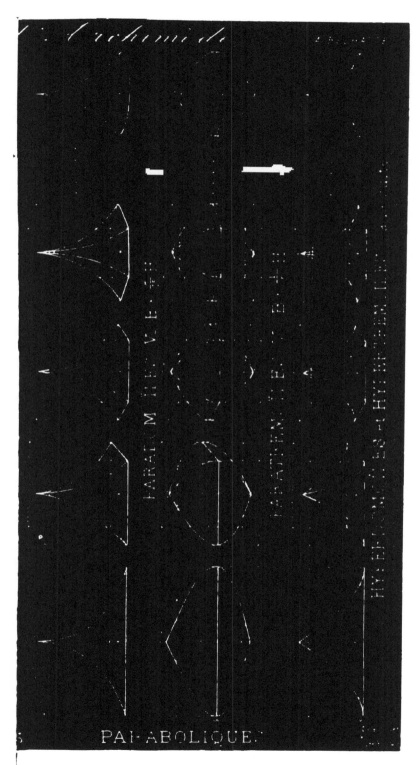

PARIS. — IMPRIMERIE DE GAUTHIER-VILLARS,
Quai des Augustins, 55.

UNE RÉFORME GÉOMÉTRIQUE.

INTRODUCTION

A LA

GÉOMÉTRIE DESCRIPTIVE

DES CRISTALLOÏDES,

PAR

LE C^{TE} LÉOPOLD HUGO.

« En bonne philosophie, il n'y
» a pas de sphère.... »

PARIS.

EN VENTE CHEZ TOUS LES LIBRAIRES.

PARIS. — IMPRIMERIE DE GAUTHIER-VILLARS,
Quai des Augustins, 55.

UNE RÉFORME GÉOMÉTRIQUE.

INTRODUCTION

A LA

GÉOMÉTRIE DESCRIPTIVE

DES CRISTALLOÏDES,

PAR

LE Cᵗᵉ LÉOPOLD HUGO.

« En bonne philosophie, il n'y
» a pas de sphère.... »

PARIS.

EN VENTE CHEZ TOUS LES LIBRAIRES.

INTRODUCTION

À LA

GÉOMÉTRIE DESCRIPTIVE

DES CRISTALLOÏDES.

maîtres illustres dans la Géométrie gréco-égyptienne, un habitant de la cité des Parisiens, qui vient vous soumettre ses idées sur les corps géométriques. O Euclide, n'as-tu pas systématisé l'enseignement de la science et traité des volumes du prisme et de la pyramide et approximativement de la sphère! O Eudoxe, n'as-tu pas démontré, au dire du grand Syracusain, le volume du cylindre et du cône!

» O Archimède, n'as-tu pas créé la méthode d'évaluation de la sphère, cet ornement de la stèle vénérable retrouvée en Sicile par le préteur Cicéron; des sphéroïdes et des conoïdes, dérivés des sections des cônes acutangles, obtusangles ou rectangles d'Apollonius le Pergique! Mais il est, en outre, nécessaire de remarquer, dans ces études mathématiques, que le cylindre et le cône se rattachent au prisme et à la pyramide respectivement par les rapports 1 et $\frac{1}{3}$ que vous avez enseignés, ô Euclide, à Rachotis, ô Eudoxe, à Cnide, grands maîtres vénérés! Les uns sont polygonaux, les autres sont ronds, mais ils n'en constituent pas moins, dirai-je, des familles indivisibles, de même que le cercle vient compléter le groupe des polygones réguliers, ainsi que cela est évident pour tous.

» Mais il ne convient pas de s'attacher exclusivement à la figure circulaire, comme l'a fait l'astronomie des épicycles par exemple, négligeant à tort une autre figure, bien connue pourtant, et qui eût satisfait, dès l'antiquité, au problème des orbites, en conformité avec la loi de la nature, si nos maîtres n'eussent montré un culte exagéré pour le cercle, en raison de la peréquation harmonieuse de cette figure.

» De même, ô Archimède, tu t'es attaché à la sphère, qui est le cercle vivant dans l'espace, ainsi qu'aux sphéroïdes et conoïdes à section toujours circulaire, et je ne sache pas que depuis vingt siècles, ô philosophe, aucun de tes disciples à travers les âges ait vu nettement l'urgence scientifique qu'il y aurait à traiter des corps à section polygonale en les plaçant à leur vrai rang, c'est-à-dire en première ligne, comme engendrant tes sphéroïdes et conoïdes ; ni que personne, entre les mathématiciens et les logisticiens, ait songé, dans un esprit de sage régularité, à caractériser par des noms appropriés ces figures, que, d'ailleurs, nos architectes et nos artisans franco-celtes, et de toute nation, imitent chaque jour par un emploi constant.

» Tu pardonneras donc, ô Archimède, la hardiesse du Lutécien qui vient de faire placer, à proximité des cours et muséums publics, une pancarte portant cette inscription : *La sphère est un équidomoïde.* Je te raconterai même, ô prince, initié par ta naissance, dit-on, aux conditions de la politique, comment les citoyens chargés de l'affichage, craignant que mes paroles écrites ne fussent subversives, et soupçonnant une révolte dans mon appel à la jeunesse studieuse, refusèrent obstinément, les têtes prudentes, d'apposer mon affiche dans les rues universitaires; il fallut donc recourir à l'intervention du nomarque du quartier, pour les décider à revenir de leur frayeur et à poursuivre leur tâche pacifique, dans un but tout intellectuel.

» Équidomoïde, c'est en effet le nom que j'ai proposé pour la figure polygonale qui se place *avant* la sphère, comme le prisme et la pyramide se placent avant le cylindre et le cône, en vraie philosophie.

» Il y a donc des équidomoïdes trigonaux, tétragonaux, pentagonaux, et ainsi de suite jusqu'à ce qu'on arrive à la sphère, leur sœur cadette.

» Je recommande ceci à ton indulgence magistrale : mon nouveau système, envisageant toutes les figures polygonales qui sont les aînées de famille de tes sphéroïdes et conoïdes, leur donne le nom générique de *domoïdes;* puis j'y fais adjonction, comme préfixe, des syllabes caractérisant les trois sections coniques ; d'où régulièrement ellidomoïde, para-domoïde et hyperdomoïde. D'autres figures, moins chargées, au contraire, que la pyramide, sont dites *trémoïdes*. Ce seront toujours, domoïdes et tré-moïdes, des corps ou solides polygonaux, ou du moins considérés comme tels, et les rapports carac-téristiques $\frac{2}{3}$, $\frac{1}{2}$, etc., constitueront le lien commun dans chacune des diverses familles. Ce sont choses que les curieux peuvent étudier dans mon ouvrage : *Théorie des Cristalloïdes.*

» Ainsi se trouve établie la symétrie divine de la science géométrique, symétrie laissée de côté quand on s'attache aux seuls corps ronds ; aussi mes dé-monstrations partent du prisme et de la pyramide, ô grand Archimède, tandis que les tiennes partent du cylindre et du cône. Jugez vous-mêmes, ô maî-tres, lesquelles comme primordiales doivent passer les premières.

» La partie essentielle des cristalloïdes polygo-naux, leur élément intégrant, est un onglet, que je découpe, devant mes maîtres vénérés, dans un prisme triangulaire droit. Mes maîtres voient qu'en partant de ce premier segment on arrive au solide de révolution archimédien ; mais, en partant du second segment du prisme, je vais arriver, par une méthode identique, à des corps légers, à des spectres sans consistance. Cette opération, facile à saisir, donne, au sein de la muse philosophique, une place équivalente, d'une part, au solide concret et, d'autre part, au solide abstrait; la même création nous fournit les deux termes de l'antithèse; le jour et la nuit ne peuvent plus marcher l'un sans l'autre. Voilà un point digne d'être signalé à la réflexion des maîtres cultivant la science des Pythagore et des Platon. Ceux que l'étude du nombre infini attire et domine noteront mon expérience de la segmentation du prisme triangulaire couché, puis redressé ; c'est pourquoi, ô maîtres des anciens et des modernes, j'ai écrit, à Paris-Lutèce, cette lettre, sous l'œil de Sothis l'Égyptiaque. »

(*Écrit en* 1872.)

INTRODUCTION

À LA

GÉOMÉTRIE DESCRIPTIVE

DES CRISTALLOÏDES.

CHAPITRE PREMIER.

RÉSUMÉ DU SYSTÈME CRISTALLOÏDAL.

La théorie des cristalloïdes est basée, comme on a pu le voir dans mes précédentes publications, sur le *polygonisme*, principe suivant lequel on n'arrive aux types circulaires qu'après avoir étudié les propriétés géométriques des types polygonaux. Je prétends qu'il est indispensable, en théorie comme en pratique, de faire passer les figures polygonales les premières, ainsi que notre Géométrie traditionnelle le fait pour le prisme et la pyramide, qui précèdent toujours le cylindre et le cône; mais la Géométrie routinière et traditionnelle cesse, bien à tort, d'agir de même lorsqu'elle arrive à la sphère. Cependant le principe du polygonisme est tout accepté en Géométrie plane; aussi la Géométrie de l'onglet cristalloïdal me parait-elle être la vraie théorie des solides géométriques dans l'espace.

Voici le texte d'un article du *Journal officiel* (4 septembre 1873) qui résume très-fidèlement, en quelques lignes, l'ensemble de ma Géométrie transeuclidienne ou cristalloïdale :

« Dans une des dernières séances de l'Académie des Beaux-Arts, M. Léopold Hugo, membre de la Société mathématique, fondée à Paris depuis la guerre, a présenté à la section d'Architecture une théorie morphologique qu'il considère comme fondamentale. Cette théorie serait appelée, selon lui, à relier méthodiquement entre elles des figures polygonales qui sont fort employées dans les constructions même monumentales.

Ces figures dérivent de la pyramide, et, selon que le solide est ou plus ou moins massif que ce dernier corps, elles se divisent en *domoïdes* et en *trémoïdes;* si l'on augmente le nombre des faces, on arrive aux solides de révolution, comme on passe du prisme au cylindre.

La figure nouvelle, très-remarquable, qui engendre la sphère, a reçu le nom d'*équidomoïde.* La célèbre coupole de Brunelleschi, qui couronne le dôme de Florence, est un équidomoïde. M. Hugo pense que la théorie de la sphère n'a pas une existence indépendante, et qu'elle est le simple corollaire géométrique de la théorie de l'équidomoïde. Ses Mémoires ont été déjà présentés à l'Académie des Sciences, par le regretté M. Delaunay, directeur de l'Observatoire. »

Je vais maintenant présenter au lecteur les principales séries cristalloïdales, dont chacune forme, à mes yeux, comme un tout, morphologiquement et stéréométriquement indivisible.

La série est basée sur le principe suivant : cristal-

loïde : solide de révolution :: pyramide : cône :: polygone : cercle.

De même que le polygone est formé par l'assemblage
de triangles, de même le cristalloïde est produit par
l'assemblage d'onglets de même formule, c'est-à-dire
pris dans des figures cylindriques ayant pour bases ou
sections droites des directrices de même nature entre
elles (voir *Théorie des cristalloïdes élémentaires*, chap. I).
    L'onglet est ici, pour l'espace, l'homologue du triangle
dans un plan. La morphologie rattache par un lien
apparent, la courbure méridienne, toutes les figures
d'une même série, mais de plus leurs stéréoco-efficients
sont identiques; chaque série possède donc, en commun, un élément en quelque sorte psychologique.

Nous trouvons, en premier lieu, les ellidomoïdes. On
y remarque trois catégories (*voir* planche II).
    La catégorie moyenne constitue la famille de la
sphère. L'équidomoïde, le générateur rationnel de la
sphère, se démontre par la Géométrie élémentaire; je
reviendrai sur ce sujet.

Voici (planche III) un exemple de la figure dite *ellitrémoïde :* le nom de *trémoïde* apprend immédiatement
que les faces, vues de l'extérieur de la figure, paraissent
concaves et tendent à se rapprocher de l'axe.
    Le paradomoïde, au contraire, redevient une figure
surchargée par comparaison avec la pyramide normale.
Aussi son coefficient propre est-il $\frac{1}{2}$; ce nombre est bien
remarquable, comme le *nec plus ultra* des formules simples; il y a là une des propriétés les plus curieuses de la
parabole.

ELLIDOMOÏDES V = B × 4/7 H Série ovoïde

Série équiaxe (ÉQUIDOMOÏDES) V = B × 3/4 H

Série discoïde V = B × 3/4 H

DOMOÏDE SE DIT D'UNE FIGURE PLUS MASSIVE, TRÉMOÏDE D'UNE FIGURE MOINS MASSIVE QUE LA PYRAMIDE $\frac{1}{3}$ DES ANCIENS.

ÉLLITRÉMOÏDES (Série équiaxe ÉQUITRÉMOÏDES) $V = B \times \frac{1-\frac{\pi}{4}}{6} H$

PARADOMOÏDES $V = B \times \frac{1}{7} H$

LE PARADOMOÏDE-TYPE EST FIGURÉ EN SECONDE LIGNE SUR CETTE PLANCHE; IL OCCUPE LA MOITIÉ EN VOLUME DE L'ESPACE CORRESPONDANT A SA HAUTEUR ET A SA BASE OU PROJECTION.

2

PARATREMOÏDES V= B × $\frac{1}{5}$ H

PARATREMOÏDES V= B × $\frac{2}{7}$ H

PARATREMOÏDES V= B × $\frac{1}{6}$ H

HYPERDOMOÏDES et HYPERTREMOÏDES (à la suite)

Dans la planche IV, on reconnaîtra diverses séries de paratrémoïdes et un paradomoïde curieux par son coefficient qui est $\frac{8}{15}$; le type rotatoire de cette série, d'apparence ogivale, porte, dans quelques auteurs, le nom de *pyramidoïde*, de même que certains trémoïdes rotatoires sont connus sous le nom de *corbeilles*, lorsqu'on les envisage comme surface ; au point de vue solide, ce sont plutôt des piédouches ou des poulies.

Cristalloïdes complexes. — Au moyen du segment (dit *onglet surchargé*) restant après l'enlèvement de l'onglet cristalloïdal supposé découpé dans un prisme triangulaire, on obtient, toujours par assemblage, des cristalloïdes complexes à sommet étoilé ; ces figures sont très-usitées, d'ailleurs, dans l'Architecture, comme combles et comme voûtes. Les cristalloïdes complexes, en polygonisme infini (type rotatoire), donnent ce que j'ai nommé les *stéréo-imaginaires feuilletés* ; on peut concevoir aussi des stéréo-imaginaires rayonnés, etc., etc., et enfin des pseudocristalloïdes, toujours divisés en domoïdes et en trémoïdes.

Qu'en pensez-vous, ô Conon, ô Dosithée, ô roi Gélon, les correspondants du maître syracusain?

Après les cyclo-cristalloïdes (directrice circulaire) et les autres coni-cristalloïdes (directrice : une conique) se placeraient les cubi–cristalloïdes et les quarti-cristalloïdes....

Selon la nature des courbes composant le *faisceau* des directrices cristalloïdales, on aurait encore les spiralo-cristalloïdes, les spiri, les concho, les cisso, les lemni, les caténo (*), les cycloï-cristalloïdes, etc., etc.

(*) La caténoïde ou chaînette est la directrice la plus avantageuse, en théorie, pour la construction des grandes coupoles voûtées en pie re ou en brique.

CHAPITRE II.

IL N'Y A PAS DE SPHÈRE,
IL N'Y A QUE L'ÉQUIDOMOÏDE.

(*Voir* planche II.)

———

Ceci est un des points importants de ma théorie. Dans la séance du 22 septembre 1873, j'ai adressé à l'Académie des Sciences une pièce intitulée : « Il n'y a pas de sphère, il n'y a que l'équidomoïde, ou la sphère ramenée à l'état de corollaire. » La réduction de la sphère à n'être qu'un simple corollaire de la théorie de l'équidomoïde résulte du Mémoire publié en 1867, sous ce titre : « Les cristalloïdes à directrice circulaire. »

L'équidomoïde, ainsi nommé par contraction de l'expression normale *ellidomoïde équiaxe*, c'est-à-dire domoïde à directrice elliptique équiaxe (directrice circulaire), donne lieu aux théorèmes dont je vais reprendre ici les énoncés ; il s'agit de l'onglet cylindrique :

I. La surface construite, dans un angle dièdre, sur une portion de polygone régulier, tracée dans une des faces de l'angle (le diamètre devant coïncider avec l'arête de l'angle), a pour mesure la projection du contour sur le diamètre, multipliée par la tangente construite sur un rayon égal à celui du cercle inscrit, et pour un angle correspondant à l'angle dièdre proposé.

II. L'aire, ou surface convexe d'un onglet à directrice circulaire, est égale à la hauteur de l'onglet multipliée par la tangente construite sur le rayon, pour un angle correspondant à l'angle dièdre de l'onglet. L'aire de l'onglet est les $\frac{2}{3}$ des surfaces extérieure et triangulaire du prisme dépendant de l'onglet. Par assemblage, la surface d'un *équidomoïde* est égale à sa surface latérale du prisme circonscrit, ou les $\frac{2}{3}$ de la surface totale. — Corollaire a la limite : La surface de la *sphère* est les $\frac{2}{3}$ de la surface du cylindre circonscrit, ou est égale à quatre grands cercles de même rayon.

III. Le volume construit sur un triangle tracé dans une des faces d'un angle dièdre, dont l'arête passe par un des sommets du triangle, a pour mesure la surface construite sur le côté opposé à ce sommet, multipliée par le tiers de la hauteur correspondant à ce côté.

IV. Le volume construit sur une portion de polygone régulier tracée dans une des faces d'un angle dièdre, de telle sorte que le centre soit placé sur l'arête, a pour mesure la surface construite sur le contour polygonal, multipliée par le tiers de l'apothème.

V. Le solide construit dans un angle dièdre, sur un secteur circulaire (Voir *Prop. II*), dont le centre coïncide avec l'arête dièdre, a pour mesure la surface construite sur la directrice circulaire multipliée par le tiers du rayon. La solidité de l'onglet est les $\frac{2}{3}$ de celle du prisme dépendant de l'onglet. Par assemblage, le volume d'un *équidomoïde* est les $\frac{2}{3}$ du volume du prisme circonscrit. — Corollaire : Le volume de la *sphère* est les $\frac{2}{3}$ de la solidité du cylindre circonscrit.

VI. Le solide construit, dans un angle dièdre, sur un demi-segment de cercle compris entre deux cordes parallèles, l'arête étant perpendiculaire sur le milieu de ces parallèles, a pour mesure la demi-somme de ses bases, multipliée par sa hauteur, plus la solidité d'un onglet équidomoïdal de même angle, et dont cette hauteur est le diamètre. Les segments d'équidomoïde, formés par assemblage, ont pour solidité la demi-somme des bases multipliée par la hauteur du segment, plus le solide équidomoïdal semblable au proposé, et ayant pour hauteur celle dudit segment; à la limite, ce qui donne un segment de sphère, le volume segmentaire a pour mesure la demi-somme des cylindres correspondant aux bases et de hauteur égale à celle du segment, plus la solidité d'une sphère ayant pour diamètre la même hauteur.

———————

Ces théorèmes et corollaires étant parfaitement élémentaires et calqués sur les théorèmes relatifs à la sphère, il est très-surprenant qu'il n'en soit aucunement question dans les divers excellents traités de Géométrie de nos auteurs modernes ; et pourtant, je ne cesse de le répéter, l'équidomoïde est primordial, et passe avant la sphère comme le prisme passe avant le cylindre.

En bonne philosophie préarchimédienne, l'équidomoïde est le véritable générateur de la sphère, laquelle
n'est que le type rotatoire de la série équidomoïdale.
D'abord, on l'a vu, je place toujours le polygonisme
fini ou les corps polygonaux, puis j'arrive (à la limite)
au polygonisme infini ou aux solides de révolution.

D'ailleurs, les figures polygonales sont essentiellement pratiques et déjà entrées pleinement dans l'usage
des arts, de l'industrie et de l'architecture, ainsi qu'on
le verra dans le chapitre suivant. C'est ce qui est absolument reconnu par tous les ingénieurs et constructeurs
avec lesquels je me trouve quotidiennement en rapport;
par cette raison, le jugement des hommes pratiques se
montre très-favorable au système cristalloïdal.

FIN DE LA MONOGRAPHIE DES CRISTALLOIDES.

MORALITÉ : « *La sphère n'est qu'un équidomoïde-limite.* »

CHAPITRE III.

MORPHOLOGIE ET ARCHITECTONIE.

Ma Géométrie transeuclidienne et cisarchimédienne, transeuclidienne parce qu'elle étudie les séries cristalloïdales placées au delà du prisme et de la pyramide d'Euclide et des Égyptiens (*), et cisarchimédienne parce qu'elle tient compte des figures qui précèdent logiquement les solides de révolution d'Archimède, et qui les enfantent (les cristalloïdes engendrent les corps de révolution), ma Géométrie nouvelle et réformée, dis-je, constitue une théorie morphologique primordiale, au point de vue architectonique.

Depuis le xv⁰ siècle, depuis le moment où la première grande coupole moderne fut construite, par Brunelleschi, sur un type cristalloïdal, c'est-à-dire polygonal, les dômes et les clochers polygonaux se sont multipliés dans toutes les parties de l'Europe. Citons au hasard les coupoles en pierre de la cathédrale de Tours, la coupole centrale de la façade de celle d'Angers (la coupole d'Aix-la-Chapelle a une surface offrant de grands plis qui la mettent en dehors de notre classification), les dômes

---

(*) D'après les textes du papyrus Rhind (Musée britannique), la théorie du prisme et de la pyramide remonte à trois mille ans avant notre ère.

carrés de tant de palais (Tuileries, Louvre, Brissac, hô-
tel de ville de Lyon, etc.), les clochers polygonaux de
Versailles, les églises allemandes, belges et françaises
en grand nombre, etc. Le clocher de l'église de la Tri-
nité, à Paris, vient d'être construit suivant le type octo-
gone, ainsi que les clochetons latéraux. Je n'en dirai
pas davantage sur ce point, bien connu des hommes du
métier.

Le *Journal officiel*, cité précédemment, a raconté qu'à
titre de système morphologique, avec nomenclature et
classification (120 figures en trois Mémoires imprimés),
ma théorie avait été mise sous les yeux de l'Académie
des Beaux-Arts. J'ai, en conséquence, reçu une lettre of-
ficielle de l'Institut, ayant pour but de me faire con-
naitre la décision prise par l'Académie et, après remerci-
ments, « de m'informer que ce travail a été recommandé
à l'attention de la *Section d'Architecture*. (15 août 1873.
Pour le Secrétaire perpétuel, *signé* : BALTARD.) »

Tous les architectes savent, en effet, que les errements
de la Géométrie habituelle sont insuffisants au point de
vue des constructions polygonales si usitées dans la
grande architecture, et aussi dans la céramique et les
autres industries.

Les productions élégantes et précieuses de l'art oriental empruntent sans cesse les types cristalloïdaux ; on
s'en convaincra en jetant les yeux sur la planche I que
j'ai dessinée en tête de la présente brochure (*).

(*) Les caractères chinois sont des chiffres de l'ancien empire chinois.
Un et deux étaient figurés par autant de barres horizontales.

J'ai adressé à la mission japonaise à Paris une lettre dont voici le texte :

« Geometry is numbered amongst the most primordial of Sciences : Shang-Kao and the emperor Tchaou-Kong in Eastern, and the greek philosopher Thalès in Western parts of this continent were the fathers of Geometry. The Greeks have clung to the study of round bodies, whereas polygonal forms are extensively used in Eastern Art and Industry. Therefore I have written a treatise of superior Geometry, special for chino-japanese high schools; and I send herewith, two numbers of my Work, with new Appendices, for the public libraries of your enlightened japanese Empire. »

Une lettre pareille sera envoyée au Tribunal des mathématiques de Pékin, en son Yamen.
Voici le texte d'une lettre adressée à Mahmoud-Bey, astronome du khédive d'Égypte.

Εἷς παρ' ἡμιν, ὦ ἀστρόνομε αἰγυπτίακε, ὁ τῶν τοῦ Μουσείου μαθηματίκων, τοῦ Εὐκλείδου, τοῦ Ἀπολλωνίου διάδοχος, καὶ τοῦ Πτολεμαίου · ἐν τῇ Ἀλεξανδρείᾳ ἐκείνῃ Πόλει διδακτῇ, καὶ εὐγνωστῇ τῷ Ἀρχιμήδει, φανερῶς.

Διὰ τοῦτο, ἐν τῇ τούτων ἐνδόξων Ἑλλήνων γλωσσῇ γράφων, ἐγὼ σοὶ τὰ συγγράμματα μοῦ γεωμέτρικα προτίθημι, ὄντα τῶν Εὐκλείδου καὶ Ἀρχιμήδους συνταγμάτων τὰ ἐπόμενα καὶ τάκόλουθα.

Τὰ Κρυσταλλόειδα γεωμέτρικα τοῦ Λεοπόλδου Οὔγου.

J'ai expédié aussi mes divers Mémoires de Géométrie transeuclidienne au Congrès géodésique de Vienne, avec la lettre suivante :

» Der Unterzeichnete hat die Ehre, seine morphologische Werke über semi-polyedrische axiale Körper (das Equimodoid, die Tremoiden und Domoiden, und andere Kristalloiden), dem hohen internazionalen Vereine für die europäische Gradmessung zu übersenden.

» Diese neue Theorie ist, philosophisch, eine vorarchime-
dische, indem die Kristalloiden offenbar als vieleckig, ihren
Platz *vor* den alten Umdrehungs-Sphäroiden und Conoiden fin-
den; auch sind die Stereoimaginäre, als geometrische Körper,
besonders zu erwähnen.

» Graf Leop. Hugo,

» Statistiker im fr. Minist. der öffent. Arb.
Comthur des K. Car. III ordens. »

Dans ma théorie morphologique des figures à méri-
diens courbes quelconques et à parallèles polygonaux
adcirculaires, lesquelles sont des figures en quelque
sorte géodésiques, la figure terrestre, en raison de l'aplatissement polaire, est un ellidomoïde discoïdal, type
rotatoire. Cette notion est primordiale au point de vue
géographique et cosmographique.

Je demande la permission de citer encore quelques
lignes d'un journal (*Écho de Vérone*, du 3 octobre 1872)
qui montrent bien l'intérêt de mes recherches si origi-
nales, au point de vue même pédagogique et universi-
taire :

« Tout passe, tout lasse : un ancien élève de l'École
des Mines, M. Hugo neveu, aurait découvert une figure
géométrique primant l'antique sphère de nos écoles; la
démonstration d'Archimède, suivie depuis deux mille
ans, serait rejetée au second plan dans la nouvelle théorie de l'équidomoïde. » (*Voir* planche II.)

En raison de certaines hésitations qu'il a constatées, l'auteur a cru devoir recourir aux grands procédés de notre époque, et il a fait passer, dans diverses écoles, des feuillets dont l'ensemble pourrait être qualifié plaisamment ici de *Symphonie de l'équidomoïde :*

Aux élèves de Géométrie et d'Architecture!

Écoutez : Jeunes élèves, on vous trompe!

La meilleure sphère n'est *pas* la sphère d'Archimède!

Disons plus et disons mieux : Il n'y a pas de sphère, il n'y a que l'équidomoïde!

C'est-à-dire que la sphère n'a pas droit à une existence indépendante, elle n'est que le corollaire de l'équidomoïde.

L'équidomoïde est le générateur polygonal de la sphère.

Écrivons et méditons ceci :

Équidomoïde : sphère :: prisme : cylindre.

Est-ce une fantaisie? Non.

Est-ce une flagornerie? Non.

Est-ce une fantasmagorie? Non.

L'équidomoïde sera désormais une vérité? Oui, et une vérité utile à l'architecture et à l'industrie.

Voir la théorie transeuclidienne et cisarchimédienne des Cristalloïdes de Hugo, complément et *réforme* de la Géométrie traditionnelle.

II.

Jeunes élèves!

On vous doit la vérité ! toute la vérité ! plus que la vérité !...

Comment donc, vous dirai-je, ne vous êtes-vous pas déjà aperçus que la meilleure sphère n'est pas la sphère archimédienne?

Que l'équidomoïde seul peut satisfaire vós légitimes aspirations vers la grande science, théorique et pratique à la fois?

Mais, répondez-vous en tremblant, nos maîtres n'ont pas jugé à propos de nous diriger dans ce sens.

Mauvais, mauvais ;

Sachez qu'un élève intelligent n'est pas tenu de se mettre à la remorque des programmes. — Hourra !

L'esprit vivifie ! — Nous leur ferons avaler l'équidomoïde, — hourra ! et sans le dorer encore. — Hourras prolongés !

III.

Je ne lâcherai pas mon équidomoïde !

En bonne Géométrie, c'est le générateur de la sphère !

Tambourinons sur le grand équidomoïde !

En vraie science, pratique non moins que théorique, c'est le frère aîné de la sphère. — Le voici tout rayonnant !

Plus de révolution... dans les solides !

Géomètre ! cramponne-toi à l'équidomoïde !

IV.

Place aux jeunes ! Dans la bonne science que j'ai créée, il n'y a plus de sphère, il n'y a que l'équidomoïde.

Place aux jeunes ! Archimède, sa sphère et ses solides de révolution règnent depuis deux mille ans !

Place aux jeunes ! L'équidomoïde se présente en tête de son cortége cristalloïdal; trouvons-lui une position sociale ! Ne nous laissons pas abuser par une tradition vieillotte ! Confions-nous au polygonisme et faisons accueil à l'équidomoïde ! C'est la pratique, c'est la théorie, c'est l'avenir ! — Hourras ! — Place aux jeunes ! — Hourras reprolongés.

TABLE DES MATIÈRES.

CPSIA information can be obtained
at www.ICGtesting.com
Printed in the USA
BVHW090439201118
533516BV00014B/801/P